Shivaji P. Magar

# Reprodução de mutações em soja

Shivaji P. Magar

# Reprodução de mutações em soja

## Para o melhoramento das culturas

ScienciaScripts

**Imprint**



Cover image: www.ingimage.com

This book is a translation from the original published under ISBN 978-3-659-83402-8.

Publisher:
Sciencia Scripts
is a trademark of
Dodo Books Indian Ocean Ltd. and OmniScriptum S.R.L publishing group

120 High Road, East Finchley, London, N2 9ED, United Kingdom
Str. Armeneasca 28/1, office 1, Chisinau MD-2012, Republic of Moldova, Europe
Managing Directors: Ieva Konstantinova, Victoria Ursu
info@omniscriptum.com

Printed at: see last page
**ISBN: 978-620-8-50131-0**

# ÍNDICE DE CONTEÚDOS

# DEDICADO

# TO

# GUIA TATYA E PH.D.

## PREFÁCIO

Tenho o prazer de apresentar o meu primeiro livro, que é um trabalho de investigação realizado durante o meu mestrado. Sobre a criação de mutações na soja.

O livro contém uma breve introdução à soja, revisão da literatura do presente trabalho, material e método utilizados no trabalho, resultados e discussão com fotografia, resumo e conclusão e bibliografia.

Este livro foi especialmente editado para estudantes de investigação de M. Sc. (Botânica, Botânica Agrícola). Este livro é útil para fazer pesquisa em reprodução por mutação.

Espero que este livro se torne uma referência indispensável para estudantes, investigadores e professores. Convido os leitores a apontar erros e a dar o seu feedback e sugestões para melhorar o livro nas suas futuras edições.

MAGAR S.P.

# RECONHECIMENTO

*Esforcei-me por realizar este projeto. No entanto, não teria sido possível sem o apoio e a ajuda de muitos indivíduos e departamentos. Gostaria de estender os meus sinceros agradecimentos a todos eles.*

*Estou muito grato ao Ptof V. S. Kothekar (Ptof e Chefe de Departamento) pela sua orientação e supervisão constante, bem como por fornecer as informações necessárias sobre o projeto e também pelo seu apoio na conclusão do projeto.*

*Agradeço também à senhora Dra. S. S. Barve, à senhora Dra. A. V. Kothekar e a todos os colaboradores do Departamento.*

*Expresso os meus sinceros agradecimentos ao Dr. Rajendra. Kakde, Dr. Sunil Sangle, Dr. Swapnil Mahamune Sir, Sr. Vishwanath Waghmare Sir, pela sua valiosa orientação no presente trabalho. Swapnil Mahamune Sir, Sr. Vishwanath Waghmare Sir, pela sua valiosa orientação no presente trabalho.*

*Estou também grato ao Sr. B. S. Dhokne, à Pandit Mama e ao pessoal do jardim por terem cuidado bem das minhas parcelas de investigação.*

*Gostaria de expressar os meus agradecimentos aos meus colegas de turma Dnyaneshwar (Nana. ), Bharat, Shakuntala, Anita, Seema, Seema, Varsha, Supriya, Nilam, Yogesh, nazema, Arshi, Dahamad, pela sua amável cooperação e encorajamento que me ajudaram a concluir este projeto.*

Mr. Shivaji Magar

# 1. INTRODUÇÃO

**LEGUMES:-**

As leguminosas ou legumes pertencem à família das leguminosas. As leguminosas estão a seguir aos cereais em termos de importância para a alimentação humana. Contêm mais proteínas do que qualquer outro produto vegetal. As leguminosas constituem um item importante na Índia, onde a maioria da população consiste em grãos de saleurona nas mesmas células que os grãos de amido. O elevado teor de proteínas está relacionado com a presença, nas raízes das leguminosas, de nódulos que contêm bactérias fixadoras de azoto.

As leguminosas são também importantes do ponto de vista da alimentação animal, para a qual contribuem com as suas sementes, cascas e parte verde. As leguminosas têm sido cultivadas e utilizadas como alimento em países de todo o mundo. A soja é a mais importante entre as leguminosas devido ao facto de conter proteínas completas.

No entanto, o baixo rendimento e a presença de componentes anti-nutricionais são os principais problemas no cultivo e consumo de leguminosas, em comparação com os cereais. Por conseguinte, vários investigadores têm trabalhado em diferentes leguminosas para o seu melhoramento. Aplicaram diferentes métodos de melhoramento vegetal para melhorar as leguminosas, entre os quais o melhoramento por mutação tem sido amplamente utilizado. Entre todas as leguminosas, a soja é bastante notável e, por isso, foi selecionada no presente projeto de trabalho para avaliar o impacto dos mutagénicos químicos na geração de Mi.

**SOYABEAN:**

Uma das mais importantes culturas oleaginosas é a soja, conhecida botanicamente como Glycine max (L.)Merr. E pertence à família Fabaceae.

**NOME COMUM**

A Glycine max é vulgarmente conhecida como soja em inglês, soybean em Marathi, baht ou ramkurthi em Hindi, garjkalai em Bengali, patnijokra em Assam.

**1. DISTRIBUIÇÃO GEOGRÁFICA**

A soja pode ser cultivada em áreas mais secas do país, onde a precipitação é de 35 polegadas ou menos. Pode ser cultivada em altitudes até 6000 pés acima do nível do mar, especialmente em Assam, Orissa, Bengala Ocidental, Manipur, Khasi e Naga Hills e nas colinas Kumaon de Uttar Pradesh. Foram encontradas diversas variedades adequadas para cultivo neste país. Palmetto, Monetta, Clemson, Creole e Charley são algumas das boas variedades.

**2. PRÁTICAS DE CULTIVO**

**a) CLIMA:-**

A soja cresce bem em climas quentes e húmidos. Os requisitos climáticos para a soja são quase os mesmos que para o milho. Uma temperatura de 26,5 a 30°C parece ser a óptima para a maioria das variedades. As temperaturas do solo de 15,5°C ou superiores favorecem uma germinação rápida e um crescimento vigoroso das plântulas. A temperatura mínima para um crescimento efetivo é de cerca de 10°C. Uma temperatura mais baixa tende a atrasar a floração. A duração do dia é o fator chave na maioria das variedades de soja, uma vez que são plantas de dia curto e são sensíveis ao fotoperíodo. A maioria das variedades florescerá e amadurecerá rapidamente se forem cultivadas em condições em que a duração do dia seja inferior a 14 horas, desde que as temperaturas também sejam favoráveis.

**b) SOLO:-**

Os solos argilosos bem drenados e férteis com um pH entre 6,0 e 7,5 são os mais adequados para a cultura da soja. Os solos sódicos e salinos inibem a germinação das sementes. Em solos ácidos, a calagem tem de ser efectuada para aumentar o pH para cerca de sete. O alagamento é prejudicial para a cultura.

**c) SEMENTEIRA, TAXA DE SEMENTEIRA E ESPAÇAMENTO:-**

A sementeira deve ser efectuada em linhas com 45 a 60 cm de distância, com a ajuda de um semeador ou atrás do arado. A distância entre plantas deve ser de 4-5 cm. A profundidade de sementeira não deve ser superior a 3-4 cm em condições de humidade óptimas. Se a semente for colocada mais fundo ou se houver formação de crosta logo após a semeadura, a germinação da semente pode ser atrasada e pode resultar em um estande de cultura pobre. A taxa de sementeira da soja depende da percentagem de germinação, do tamanho da semente e do tempo de sementeira. Se a germinação das sementes for de 80 por cento, são necessários 70-80 kg de sementes por hectare. Para a plantação tardia e para a cultura de primavera, a taxa de sementes deve ser de 100-120 kg por hectare.

**d) ADUBOS E FERTILIZANTES:-**

Para obter bons rendimentos de soja, aplicar 15-20 toneladas de estrume de quintal ou composto por hectare. Uma boa cultura de soja, com um rendimento de cerca de 30 quintais por hectare, removerá do solo cerca de 300 kg de azoto por hectare. Mas a soja, sendo uma cultura de leguminosas, tem a capacidade de suprir as suas próprias necessidades de azoto, desde que tenha sido inoculada e haja uma nodulação eficiente na planta. Uma aplicação de 20-30 kg de azoto por hectare como dose inicial será suficiente para satisfazer as necessidades de azoto da cultura na fase inicial em solos de baixa fertilidade com pouca matéria orgânica. A soja requer quantidades relativamente grandes de fósforo do que outras culturas. O fósforo é absorvido pela planta de soja durante todo o período de crescimento.

**e) IRRIGAÇÃO:-**

A cultura da soja geralmente não necessita de qualquer irrigação durante a estação Kharif. No entanto, se houver um longo período de seca na altura do enchimento das vagens, seria desejável uma irrigação. Durante chuvas excessivas, uma drenagem adequada é igualmente importante. A cultura de primavera necessitará de cerca de cinco a seis regas.

**f) ROTAÇÃO DE CULTURAS:-**

A cultura mista de soja com milho, mandau e sésamo foi considerada viável e mais remuneradora. Na cultura mista de milho e soja, o rendimento do milho não é afetado, ao mesmo tempo que se podem obter 10-12 quintais de soja por hectare. No cultivo misto de milho e soja, o milho é plantado com um espaçamento de 100 cm entre linhas, mantendo uma distância de 10 cm entre plantas, e três linhas de soja entre as linhas de milho. No norte da Índia, a soja tem um enorme potencial como cultura intercalar com o milho, o algodão e o arroz de terras altas. No sul do país, a soja tem boas possibilidades de ser utilizada como cultura intercalar em sorgo, algodão, cana-de-açúcar, milho e amendoim. No centro da Índia, a soja tem sido considerada muito remuneradora nas terras em pousio na Kharif. Nas zonas de baixa pluviosidade de Madhya Pradesh, tem sido prática comum manter as terras em pousio na Kharif, a fim de conservar a humidade para uma cultura Rabi, que é feita com chuvas. Algumas das rotações comuns seguidas no norte da Índia são as seguintes

1. Soja - trigo
2. Soja - batata
3. Soja - grama
4. Soja - tabaco
5. Soja - batata - trigo

**f) Ervas daninhas e doenças: -**

Geralmente, após a doença bacteriana e fúngica distribuída na cultura da soja.

**DOENÇAS BACTERIANAS**

| **Diseases** | **Causal Organism** |
|---|---|
| Bacterial blight | Pseudomonas amygdalipv. glycinea |
| Bacterial pustules | Xanthomonasaxonopodispv.glycinesXanthomonascampestrispv. Glycines |
| Bacterial tan spot | Curtobacteriumflaccumfacienspv. FlaccumfaciensCorynebacteriumflaccumfacienspv. Flaccumfaciens |
| Bacterial tan spot | Curtobacteriumflaccumfacienspv. FlaccumfaciensCorynebacteriumflaccumfacienspv. Flaccumfaciens |
| Wildfire | Pseudomonas syringaepv. tabaci |

**DOENÇAS FÚNGICAS**

| Diseases | Fungus |
|---|---|
| Alternaria leaf spot | Alternaria spp. |
| Black leaf blight | Arkoolanigra |
| Black root rot | Thielaviopsisbasicola<br>Chalaraelegans |
| Powdery mildew | Microsphaeradiffusa |
| Purple seed stain | Cercosporakikuchii |

## g) CONTROLO DE ERVAS DANINHAS E DOENÇAS: -

As ervas daninhas são controladas principalmente pelos dois métodos seguintes,

1 ) Mecânico - Lavoura e saneamento manual.

2) Químico - Herbicidas, 2, 4-D, etc.

A cultura é suscetível a muitas doenças que foram mencionadas acima e são controladas por pulverização de fungicidas, ou seja, bavistan, rogar, etc.

## g) COLHEITA E PESCAGEM:- A colheita e a debulha

Quando as plantas de soja atingem a maturidade, começam a deixar cair as folhas. O período de maturação varia de 50 a 140 dias, consoante as variedades. Quando as plantas atingem a maturidade, as folhas ficam amarelas e caem e as vagens de soja secam rapidamente. A perda de humidade da semente é rápida. Na colheita, o teor de humidade das sementes deve ser de 15 por cento. A colheita pode ser efectuada à mão, partindo os caules ao nível do solo ou com uma foice.

A debulha pode ser efectuada com a debulhadora mecânica de soja ou com alguns métodos convencionais utilizados noutras leguminosas. A debulha deve ser efectuada com cuidado e qualquer tipo de batida ou pisoteio severo pode danificar o revestimento da semente, reduzindo assim a sua qualidade e viabilidade. Um teor de humidade de 13 a 14% é ideal para a debulha com a debulhadora.

## I) ÁREA E PRODUÇÃO:-

Os Estados Unidos, o Brasil, a Argentina, a China e a Índia são os maiores produtores mundiais de soja e representam mais de 90% da produção mundial de soja. Os EUA produziram 75 milhões de toneladas de soja em 2000, das quais mais de um terço foi exportado. Nos anos de produção 2010-2011, prevê-se que este valor seja superior a 90 milhões de toneladas. Outros grandes produtores são o Brasil, a Argentina, o Paraguai, a China e a Índia.

## PRINCIPAIS PAÍSES PRODUTORES DE SOJA

**Quadro n.º 2: Principais países produtores de soja no mundo.**

| **Sr. No.** | **Country** | **million metric tons** |
|---|---|---|
| 1 | United States | 80.5 |
| 2 | Brazil | 59.9 |
| 3 | Argentina | 46.2 |
| 4 | China | 15.5 |
| **5** | **India** | **9.0** |
| 6 | Paraguay | 6.8 |
| 7 | Canada | 3.3 |
| 8 | Bolivia | 1.6 |
| 9 | European Union | 0.6 |

## POSIÇÃO SISTEMÁTICA DA SOJA:-

| Scientific classification | |
|---|---|
| **Kingdom:** | Plantae |
| **Division :** | Angiosperms |
| **Order :** | Fabales |
| **Family :** | Fabaceae |
| **Subfamily:** | Faboideae |
| **Genus :** | *Glycine* |
| **Species :** | ***Glycine max*** |

## 3) MORFOLOGIA:

A morfologia da soja é a seguinte

**CAULE:** O caule principal é ereto, peludo, herbáceo, com 60 cm a 90 cm de altura, com ramos entrelaçados. O caule e os ramos estão cobertos de pêlos castanhos.

**FOLHAS:**

As folhas são trifolioladas, com três folíolos por folha e os folíolos têm 6 cm a 15 cm de comprimento e 2 cm a 7 cm de largura. As folhas também estão cobertas de pêlos castanhos finos. As folhas caem antes de as sementes estarem maduras.

**INFLORESCÊNCIA:** Raceme.

**FLOR:**

As flores discretas e auto-férteis nascem no eixo da folha e são brancas, cor-de-rosa ou púrpura. Flor sub-séssil, racemo curto com 23 cm de comprimento, pedicelos com 3-5 mm de comprimento, brácteas lanceoladas.

**POLINIZAÇÃO:** .

**FRUTAS:**

O fruto é uma vagem peluda que cresce em grupos de três a cinco, cada vagem é oblonga e tem 3-8 cm de comprimento e contém geralmente duas a quatro (raramente mais) sementes com 5-11 mm de diâmetro.

**SEMENTES:**

As sementes são reniformes e lisas. Os grãos de soja existem em vários tamanhos e em muitas cores de casco ou de revestimento de sementes, incluindo preto, castanho, azul, amarelo, verde e mosqueado.

**4) SIGNIFICADO NUTRICIONAL:**

As sementes de soja contêm principalmente proteínas, óleo e hidratos de carbono. Também são ricas em ácido aspártico, ácido glutâmico, vitamina A, B6 e vitamina C. A maioria das proteínas de soja são proteínas de armazenamento relativamente estáveis ao calor.

**Tabela:** Constituintes químicos das sementes de soja por 100gm de sementes

| Sr. NO. | CONTENT | AMOUNT |
|---|---|---|
| 1 | Carbohydrates | 30.16gm |
| 2 | Sugars | 7.33gm |
| 3 | Dietary fiber | 9.3 gm |
| 4 | Fat | 19.94gm |
| 5 | Vitamin A | 1µg |
| 6 | Vitamin $B_6$ | 0.377mg |
| 7 | Vitamin B12 | 0 µg |
| 8 | Choline | 115.9mg |
| 9 | Calcium | 277mg |
| 10 | Magnecium | 280mg |
| 11 | Potassium | 1797mg |
| 12 | Sodium | 2mg |
| 13 | Zink | 4.89mg |

(**Fonte**: Base de dados de nutrientes do USDA)

## 4) UTILIZAÇÕES DA SOJA:

### UTILIZAÇÕES PRECOCES:

A soja foi cultivada durante séculos na Ásia, principalmente pelas suas sementes. Estas eram utilizadas na preparação de uma grande variedade de produtos alimentares frescos, fermentados e secos, considerados indispensáveis para as dietas orientais.

No início, a soja era utilizada nos Estados Unidos como forragem e, em certa medida, como adubo verde. Só em 1941 é que a área cultivada de soja para grão ultrapassou pela primeira vez a área cultivada para forragem e outros fins nos Estados Unidos.

## UTILIZAÇÕES ACTUAIS:-

Os grãos de soja são a segunda maior cultura dos Estados Unidos em termos de vendas a dinheiro e a principal cultura de exportação. Em 2003, o valor das exportações de soja foi superior a 9,7 mil milhões de dólares, ou seja, cerca de um sexto de todas as exportações agrícolas. Normalmente, mais de metade do valor total da colheita de soja dos EUA provém das exportações de grãos de soja inteiros, farinha de soja e óleo de soja. Cerca de 40 por cento do comércio mundial de soja tem origem nos EUA.

A maior parte da colheita de soja é transformada em óleo e farinha. O óleo extraído dos grãos de soja é transformado em gordura vegetal, margarina, óleo de cozinha e molhos para salada. Os grãos de soja são responsáveis por 80% ou mais das gorduras e óleos comestíveis consumidos nos Estados Unidos. O óleo de soja é também utilizado em tintas industriais, vernizes, compostos para calafetagem, linóleo, tintas de impressão e outros produtos. Nos últimos anos, os esforços de desenvolvimento resultaram em vários produtos lubrificantes e combustíveis à base de óleo de soja que substituem produtos petrolíferos não renováveis. A lecitina, um produto extraído do óleo de soja, é um emulsionante e lubrificante natural utilizado em muitos alimentos, aplicações comerciais e industriais. Como emulsionante, pode tornar as gorduras e a água compatíveis entre si. Por exemplo, ajuda a evitar que o chocolate e a manteiga de cacau numa barra de chocolate se separem. É também utilizado em produtos farmacêuticos e em revestimentos protectores. A farinha rica em proteínas que resta após a extração pode ser transformada em farinha de soja para alimentação humana ou incorporada na alimentação animal. A proteína de soja ajuda a equilibrar as carências nutricionais de cereais como o milho e o trigo, que são pobres em aminoácidos importantes como a lisina e o triptofano. A utilização de proteínas vegetais para consumo humano continua a expandir-se nos Estados Unidos. Podem ser utilizadas como substitutos da carne e dos lacticínios em vários produtos. A maioria das pessoas tem conhecimento da utilização de proteínas de soja em fórmulas para bebés, bebidas para perda de peso, bebidas desportivas e como substituto com baixo teor de gordura do hambúrguer. A farinha e os grãos de soja, feitos a partir da moagem de grãos de soja inteiros, são utilizados na indústria de panificação comercial para ajudar no condicionamento e branqueamento da massa. Têm excelentes qualidades de retenção de humidade que ajudam a retardar o endurecimento dos produtos de panificação. Um alqueire de 60 libras de grãos de soja rende cerca de 11 libras de óleo e cerca de 48 libras de farinha.

## 5) NECESSIDADE DE MELHORAMENTO GENÉTICO:

Em vez de possuir as caraterísticas acima referidas, a soja tem alguns problemas, que são os seguintes

1) Baixo rendimento em algumas zonas de Maharashtra.
2) Baixa resistência às doenças.
3) Presença de factores antinutricionais.

Para superar os problemas acima mencionados, o presente programa de reprodução por mutação foi iniciado.

## 6) MÉTODOS DE MELHORAMENTO DAS CULTURAS:

"O melhoramento de plantas é a arte e a ciência de alterar a genética das plantas de modo a produzir as caraterísticas desejadas. O melhoramento de plantas pode ser realizado através de muitas técnicas diferentes, desde a simples seleção de plantas com caraterísticas desejáveis para propagação, até técnicas moleculares mais complexas. Alguns métodos importantes de melhoramento das culturas são os seguintes

1. **Método de introdução**
2. **Hibridação**

a) Método Pedigree

b) Método retrocruzado

3. **Seleção**

a) Secção de linha pura

b) Seleção em massa

c) Seleção clonal

4. **Heterose**
5. **Criação de mutações**
6. Aclimatação
7. Domesticação

A reprodução por mutação é um método muito bem sucedido e importante entre todos os que foram mencionados acima.

7) **CRIAÇÃO DE MUTAÇÕES:**

A técnica de indução da variabilidade genética utilizando mutagénicos físicos e químicos e melhorando o genótipo da planta é conhecida como melhoramento por mutação. Muller (1927) descobriu que a mutação podia ser induzida na mosca da fruta (Drosophila melanogaster) expondo-a a raios X. Stadler (1928, 1930) obteve resultados semelhantes após a exposição de sementes de cevada e de milho. As mutações induzidas contribuem principalmente para aumentar a variabilidade genética (Broke, 1970). A utilização direta de mutações é uma abordagem suplementar muito valiosa para o melhoramento de plantas quando se pretende melhorar uma ou duas caraterísticas facilmente identificáveis numa variedade bem adaptada (Sigurbjrnsson, 1970). A técnica de mutação é o melhor método para aumentar a variabilidade geneticamente condicionada de uma espécie num curto espaço de tempo e tem desempenhado um papel significativo na investigação do genoma das plantas para compreender a função dos genes com o objetivo de melhorar a segurança alimentar.

# 2. REVISÃO DA LITERATURA

A soja é considerada uma das leguminosas de grão mais importantes, devido ao seu elevado valor nutritivo e teor de óleo. Na Índia, é amplamente cultivada durante a estação *Kharif*. A soja tem registado tendências crescentes na produção e produtividade ao longo dos anos. Por conseguinte, é necessário desenvolver variedades de elevado rendimento com uma arquitetura vegetal adequada, resistentes a stresses bióticos e abióticos.

No presente estudo, procurou-se compreender a variabilidade, a correlação e a diversidade genética entre os genótipos de soja. A revisão da literatura relativa a estes aspectos é apresentada neste capítulo sob os seguintes títulos

**A história da soja**

A soja é considerada um alimento novo para muitos na sociedade ocidental, mas os chineses consideram-na uma importante fonte de nutrição há quase 5000 anos. A primeira referência à soja, numa lista de plantas chinesas, data de 2853 a.C., e os escritos antigos referem-na repetidamente como um dos cinco grãos sagrados essenciais para a civilização chinesa (Riaz, 2006).

**Variabilidade, hereditariedade e avanço genético**

Uma medida da variabilidade e uma compreensão da composição genética da cultura são componentes importantes de qualquer programa de melhoramento de culturas. No início do século XX, Johansson (1909) discutiu as componentes genéticas e ambientais da variação em relação a factores hereditários e não hereditários e a variação numa linha pura em relação apenas a factores ambientais

**Diversidade genética e caraterização molecular de variedades de soja selecionadas**

Os marcadores RAPD são gerados por amplificação por PCR da sequência de ADN genómico utilizando um único iniciador curto (8-12 mar) a baixa temperatura de recozimento (360 C) (*Williams et. al.* 1990; Welsh e Mc-Clelland, 1990). Os RAPD produzem geralmente marcadores dominantes.

No estudo de Chen *et al.* (1994), dos 40 iniciadores utilizados para a análise RAPD do ADN de 11 variedades cultivadas em hidroponia, 47,5% detectaram polimorfismos. 14 iniciadores detectaram uma diferença no número de fragmentos amplificados entre amostras de ADN da folha e da raiz em alguns dos acessos. Dos loci polimórficos encontrados, apenas um era específico da folha, 53% eram específicos da raiz e 46% ocorriam tanto na folha como na raiz. Este facto pode dever-se a modificações genéticas durante o desenvolvimento da folha e da raiz. Pelo menos 21% dos loci polimórficos ocorreram em apenas 1 a 2 variedades.

**Crescimento e desenvolvimento no mundo ocidental**

Os missionários e comerciantes europeus que viajaram para a Ásia durante os anos 1600 e 1700 registaram nos seus diários de viagem os alimentos tradicionais de soja, como o tofu e o leite de soja, que encontraram nas culturas que exploraram. Mas foi só quando os asiáticos começaram a emigrar para a Europa e para a América do Norte, durante o século XIX, que os alimentos de soja começaram a enraizar-se para uso e consumo consistentes nos Estados Unidos. Várias lojas chinesas de tofu e leite de soja foram estabelecidas em cidades com grandes populações asiáticas na Europa e nas costas leste e oeste dos Estados Unidos. No entanto, ao longo do século XIX, os alimentos de soja tendiam a ser produzidos em pequenas lojas familiares e eram distribuídos e consumidos principalmente em bairros asiáticos.

Durante a década de 1920, algumas empresas mais pequenas começaram a fabricar tofu, especialmente no Tennessee e na Califórnia, como fonte de proteínas de baixo custo na produção de substitutos de carne e, durante as duas guerras mundiais, foram utilizadas grandes quantidades de farinha de soja para ajudar a compensar a escassez de carne. **Restrições à produção**

Embora os Estados Unidos continuem a ser o maior país exportador de soja em 2006, perderam a posição dominante que outrora tinham no comércio mundial de soja. O Brasil, a Argentina e a Índia tornaram-se grandes produtores à medida que a procura mundial de soja como alimento, óleo vegetal e ração animal continuou a aumentar. Dada a quantidade de terra arável e recursos hídricos disponíveis no Brasil, juntamente com os seus baixos custos de mão de obra, espera-se que o Brasil acabe por se tornar o principal país produtor de soja (Golbitz e Jordan, 2006)

**Inovações tecnológicas e ocidentalização da soja**

A soja tradicional inclui o leite de soja, o tofu, o miso, o natto e a têmpera, sendo os três últimos alimentos fermentados geralmente pouco atractivos para o gosto ocidental. Os leites de soja tradicionais feitos a partir de grãos inteiros têm um forte "sabor a feijão", que é um atributo positivo em alguns países asiáticos, mas geralmente negativo no Ocidente.

A redução do sabor a feijão, por exemplo, através da utilização de ingredientes refinados, como a proteína de soja isolada, ou através da utilização de agentes proprietários de neutralização ou mascaramento do sabor (Pszczola, 2000), tornou os leites de soja muito mais aceitáveis para os paladares ocidentais. Foram desenvolvidos novos processos de fabrico e novos ingredientes de soja para permitir o fabrico de uma gama mais vasta de produtos aceitáveis no Ocidente, tais como queijos de soja, iogurtes de soja, cereais de pequeno-almoço de soja (Pszczola, 2000) e pães de soja, em que a Austrália é líder mundial (Jorgensen *et al.* 1999).

**Incorporação de produtos de soja nas principais empresas alimentares**

A incorporação da soja nas gamas de produtos das grandes empresas alimentares permitiu a realização de grandes campanhas de marketing nos meios de comunicação social e uma maior sensibilização dos consumidores, bem como uma maior exposição nas grandes cadeias de supermercados. Estas categorias de produtos incluem cereais de pequeno-almoço, pães de soja e substitutos de leite e carne. Associada a este facto está a formação de uma série de alianças estratégicas. Por exemplo, entre a Kraft Foods e a Boca Burger, que fabrica e comercializa alternativas de carne à base de soja nos EUA, e entre a Dean Foods, uma importante empresa de lacticínios dos EUA, e a Silk, um importante fabricante de leite de soja (Pszczola, 2000).

**Benefícios da soja para a saúde**

O interesse pelos possíveis benefícios para a saúde associados ao consumo de alimentos de soja concentrou-se em três áreas principais - doenças cardiovasculares, cancro e sintomas e consequências da pós-menopausa, embora tenham sido examinadas outras doenças e condições.

**Doenças cardiovasculares**

Esta é provavelmente a área onde existem mais provas de benefícios para a saúde. Em outubro de 1999, a Food and Drug Administration (FDA), nos EUA, aceitou que havia provas suficientes de que os alimentos de soja reduzem o colesterol para permitir que os fabricantes de alimentos rotulassem os alimentos que cumprem 19 determinadas diretrizes com uma alegação de saúde para indicar que podem ajudar a reduzir as doenças cardiovasculares (Dotzel, 1999).

**O cancro e o risco de cancro**

Existem provas consideráveis que sustentam uma diminuição do risco de desenvolver cancro da mama em países com um maior consumo de alimentos à base de soja (Wiseman, 1997).

Estudos transculturais demonstraram uma menor mortalidade por cancro da mama no Japão do que nos Estados Unidos (Kelsey & Horn, 1993). Por exemplo, estudos de caso-controlo sugerem que as doentes com cancro da mama ingerem menos soja do que os controlos (Ingram *et al.* 1997).

## OBJECTIVOS DO INQUÉRITO

Os principais objectivos das presentes investigações consistem em estudar o efeito de diferentes agentes mutagénicos químicos nos seguintes parâmetros da geração M1 de Glycine max da variedade js-335, que são os seguintes

1. Percentagem de germinação.
2. Lesões nas plântulas.
3. Alterações morfológicas das folhas.
4. Quimeras de clorofila.
5. Esterilidade do pólen.

6. Sobrevivência das plantas na maturidade.

7. Variação morfológica na geração M1.

# 3. MATERIAIS E MÉTODOS

## MATERIAL VEGETAL EXPERIMENTAL:

As sementes secas de soja da variedade JS-335 foram obtidas no mercado.

## MUTAGENS UTILIZADAS:

No presente estudo, foram selecionados dois agentes mutagénicos, nomeadamente a azida de sódio e o metensulfonato de etilo.

### I. AZIDA DE SODUIM (SA):

A azida de sódio, fabricada pela spectrodechem Pvt. Ltd. Mumbai, foi utilizada no presente trabalho.

- **Structural formula** : $NaN_3$
- **Molecular formula** : $C_3H_3O_3S$
- **Moral Mass** : 65.01/mol.
- **Appearance** : White Solid
- **Metting Point** : $275^0C$
- **Density** : $1.85/cm^3$
- **Solubility in Water** : 41.7/100ml.
- **Oder** : Odorless

$$Na^+$$

$$\overset{-}{N}{=}\overset{+}{N}{=}\overset{-}{N}$$

**Structure of SA**

## 2. METANOSSULFONATO DE ETILO:

Os pormenores deste agente mutagénico químico são os seguintes

- **Abbreviations** : EMS
- **Molecular formula** : CH3SO3C2H5
- **Molal Mass** : 124.10g/mol
- **Appearance** : Clear Colorless liquid
- **Melting Point** : $25^{0}$C
- **Boiling Point** : 213-$213.5^{0}$C
- **Density** : 1.1452 g/cm3

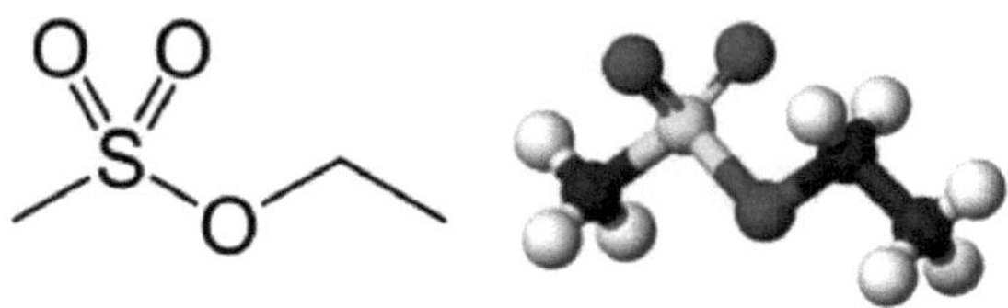


Structure of EMS

## MODO DE TRATAMENTO COM AGENETS MUTAGÉNICOS:

Para começar, foi realizada uma experiência-piloto para determinar a dose sub-letal (DL 50), a concentração adequada dos agentes mutagénicos e a duração do tratamento. A partir da experiência piloto, foi estabelecido que as concentrações de 0,01%, 0,02% e 0,03% de SA para a duração de 4 horas. E 0,05%, 0,40% e 0,15% de EMS durante 4 horas.

**TRATAMENTO:**

**a. PRÉ-COLOCAÇÃO:**

200 sementes saudáveis e uniformes da variedade JS-335 foram pré-embebidas em água destilada durante 6 horas, para cada tratamento, incluindo o controlo. (Mostrado na tabela no.2)

**b. TRATAMENTO MUTAGÉNICO:**

As soluções mutagénicas foram preparadas de fresco em água destilada. As sementes previamente embebidas foram tratadas com a solução mutagénica em frascos cónicos com agitação constante num agitador elétrico. (Apresentado no quadro n.º 2)

**c. PÓS - IMERSÃO:**

As soluções mutagénicas foram cuidadosamente lavadas com água da torneira. De seguida, as sementes foram postas de molho em água destilada durante 2 horas. As sementes embebidas durante 12 horas serviram de controlo.

## PLATE - 1

Sowing of Soyabean

Field view of Soyabean

**Quadro: 2. pormenores dos tratamentos mutagénicos**

| Mutagen | Conc. (%) | No. of seeds treated | Presoaking time(hrs) | Mutagenic Treatment time (hrs) | Post soaking time (hrs) |
|---|---|---|---|---|---|
| SA | 0.01 | 200 | 6 | 4 | 2 |
| | 0.02 | 200 | 6 | 4 | 2 |
| | 0.03 | 200 | 6 | 4 | 2 |
| EMS | 0.05 | 200 | 6 | 4 | 2 |
| | 0.10 | 200 | 6 | 4 | 2 |
| | 0.15 | 200 | 6 | 4 | 2 |
| Control | - | 200 | 6 | - | 6 |

50 sementes de 200 sementes de cada tratamento foram mantidas em papel absorvente húmido em placas de Petri para registar a percentagem de germinação.

As 150 sementes restantes de cada tratamento foram semeadas no campo seguindo o desenho de blocos aleatórios (RBD) com três repetições juntamente com o controlo para a geração M1 crescente. (Mostrado na tabela no.2)

## OBSERVAÇÕES NA GERAÇÃO $M_1$:

**I) Percentagem de germinação:**

50 sementes de cada tratamento, juntamente com o controlo, foram germinadas em placas de Petri. As sementes foram deixadas a germinar no escuro à temperatura ambiente $25^0$ a 27c. A germinação foi expressa em percentagem do controlo.

**II) Lesões nas plântulas:** As alturas das plântulas foram registadas no décimo dia a partir da germinação das sementes. A redução do comprimento médio das plântulas tratadas foi comparada e expressa em percentagem.

**III) Alterações morfológicas da folha:**

A frequência das alterações morfológicas foliares foi calculada através da contagem do número de plantas com anomalias foliares nas plantas de cada tratamento.

**IV) Sectores deficientes em clorofila / Quimeras:**

Foram registados diferentes tipos de quimeras de clorofila até as plantas atingirem a maturidade e a frequência de plantas com tais quimeras foi contada para cada tratamento.

**V) Esterilidade do pólen:**

A esterilidade do pólen foi determinada a partir de 10 plantas selecionadas aleatoriamente por tratamento, juntamente com o controlo. Os grãos de pólen corados com 1% de actocarmina foram considerados férteis e os grãos vazios, parcialmente corados e murchos foram considerados estéreis. Os valores foram expressos em percentagem.

**VI) Sobrevivência das plantas na maturidade:**

A sobrevivência das plantas em cada tratamento e o respetivo controlo foram registados no campo no momento da maturidade. A sobrevivência na maturidade foi expressa em percentagem em relação ao controlo.

**VII) Variações morfológicas:**

A geração M1 foi analisada juntamente com o controlo para detetar variações morfológicas.

# 4. RESULTADOS E DISCUSSÃO

No presente inquérito, foi estudado o efeito de diferentes concentrações de dois agentes mutagénicos, nomeadamente SA e EMS, nos parâmetros Mi. Os mutagénicos SA e EMS mostraram efeitos críticos em diferentes parâmetros M1, tal como descrito abaixo.

**1. PERCENTAGEM DE GERMINAÇÃO (Quadro n.º 3)**

A Tabela 3 revela que dois mutagénicos tiveram um efeito inibitório na germinação. Verificou-se que a percentagem de germinação diminuiu com o aumento das concentrações de ambos os mutagénicos. O valor varia de 60 a 40 no caso do SA e de 80 a 25 no caso do EMS. A percentagem de germinação mais elevada, 80, foi registada na concentração de 0,05%. Concentração de EMS e a menor percentagem de germinação foi registada na concentração de 0,15% de EMS.

**335 de Soja**

| Sr. No. | Treatment | Concentrati on (%) | Total No. of Seeds | Total No. seed germinated | Percentage of Germination (%) |
|---|---|---|---|---|---|
| 1 | Sodium Azide | 0.01 | 20 | 12 | 60 |
| | | 0.02 | 20 | 10 | 50 |
| | | 0.03 | 20 | 08 | 40 |
| 2 | Ethyl MethaneSuplhonate | 0.05 | 20 | 16 | 80 |
| | | 0.10 | 20 | 07 | 35 |
| | | 0.15 | 20 | 05 | 25 |
| 3 | Control | - | 20 | 15 | 75 |

## 2. PREJUÍZO NA SEMENTE (quadro n.º 4)

A Tabela nº 4 mostra que a lesão das plântulas aumentou de acordo com a concentração mutagénica. O valor variou de 9,87cm a 7,68cm no caso do SA e de 10,05cm a 8,55cm no caso do EMS. Em comparação com o controlo, ambos os mutagénicos apresentaram a menor altura de plântula. A maior lesão nas plântulas foi registada no tratamento com EMS (concentrações de 0,05%).

**Tabela No. 4: Efeito de diferentes mutagénicos na lesão de plântulas na variedade JS-335 de soja**

| Sr. No. | Treatment | Concentration (%) | Replication | | | Total | seedling injury (%) |
|---|---|---|---|---|---|---|---|
| | | | R1 | R2 | R3 | | |
| 1 | Sodium Axide | 0.01 | 81.5 | 74.6 | 74.5 | 230.6 | 7.68 |
| | | 0.02 | 89.2 | 71.5 | 79.5 | 240.2 | 8.006 |
| | | 0.03 | 100.8 | 100.5 | 95 | 296.3 | 9.87 |
| 2 | Ethyl Methane Sulphonate | 0.05 | 105.5 | 104.5 | 91.5 | 301.5 | 10.05 |
| | | 0.10 | 70.5 | 89.0 | 97.0 | 256.6 | 8.55 |
| | | 0.15 | 87.0 | 96.5 | 97.4 | 280.9 | 9.36 |
| 3 | Control | | 104.8 | 100.3 | 99.3 | 304.4 | 10.14 |

## 3. CHIMERAS DE CLOROFILA:(Quadro nº 5)( foto Placa 2)

A Tabela 5 mostra as quimeras de clorofila - foram observadas quimeras de clorofila em todos os tratamentos. Os diferentes tipos de quimeras de clorofila observados foram os seguintes

*Xantha* -*amarelo*

*Clorina* -*verde-amarelo*

*Vridisi* -*verde escuro*

*Abina* -*branco*

A percentagem de quimeras de clorofila aumentou com o aumento da concentração de agentes mutagénicos no caso do SA e no caso do EMS não se registou uma tendência particular. A frequência mais elevada de quimeras de clorofila foi observada no tratamento com 0,10% de EMS.

**Tabela No. 5: O efeito de diferentes mutagénicos nas quimeras de clorofila na variedade JS-335 de Soja.**

| Sr. No | Treatment | Concentration (%) | Replication | | | Total Chlorophyll chimeras | Total Plants Observed | Frequency of plants of carrying Chlorophyll chimeras (%) |
|---|---|---|---|---|---|---|---|---|
| 1 | Sodium Azide | | $R_1$ | $R_2$ | $R_3$ | | | |
| | | 0.01 | 02 | 02 | 1 | 05 | 103 | 4.85 |
| | | 0.02 | 02 | 03 | 2 | 07 | 87 | 8.04 |
| | | 0.03 | 03 | 4 | 6 | 13 | 96 | 13.54 |
| 2 | Ethyl Methane Sulphonate | 0.05 | 03 | 02 | 02 | 7 | 101 | 6.93 |
| | | 0.10 | 07 | 07 | 04 | 15 | 106 | 14.15 |
| | | 0.15 | 04 | 5 | 03 | 12 | 112 | 10.71 |

Placa fotográfica-2

## 4. ALTERAÇÕES MORFOLÓGICAS DA FOLHA:(Tabela no.6)(foto Placa 3)

A tabela n.º 6 mostra a percentagem de alterações morfológicas das folhas. Nesta planta tratada com mutagénico, foram observadas alterações morfológicas nas folhas, revelando diferentes tipos. Apresentaram variações na forma e no tamanho em comparação com as plantas de controlo.

As seguintes alterações morfológicas da folha ocorreram: unifoliolada, bifoliolada, quadrifaliolada, entalhe do folíolo, ápice obtuso do folíolo e folíolo ovado. Ocorreu um maior número de alterações morfológicas nas folhas na concentração de 0,02% de azida de sódio.

**Tabela 6: Efeito de diferentes mutagénicos nas alterações morfológicas da folha na geração M1 da variedade JS-335 de soja.**

| Sr. No. | Treatment | Concentration (%) | Leaf Morphological Changes | | | Total Leaf Morphological Changes | Total Plant Observered | Frequency of plants of carrying Leaf Morphological Changes |
|---|---|---|---|---|---|---|---|---|
| | | | R1 | R2 | R3 | | | |
| 1 | S.A. | 0.01 | 8 | 3 | 4 | 15 | 103 | 14.56 |
| | | 0.02 | 5 | 7 | 7 | 19 | 87 | 21.83 |
| | | 0.03 | 8 | 7 | 4 | 19 | 96 | 19.79 |
| 2 | EMS | 0.05 | 4 | 2 | 5 | 11 | 101 | 10.89 |
| | | 0.10 | 5 | 5 | 7 | 17 | 106 | 16.03 |
| | | 0.15 | 3 | 5 | 05 | 13 | 112 | 11.60 |

Placa fotográfica-3

## 5. ESTERILIDADE POLENOSA: (Quadro n.º 7).

Não se observou uma tendência particular no valor da esterilidade do pólen em ambos os mutagénicos. A gama de esterilidade polínica varia de 12,88 a 22,92 no caso do SA e de 6,11 a 11,40 no caso do EMS. A esterilidade polínica mais elevada ocorreu no SA, em comparação com o controlo e o EMS

**Tabela 7: Efeito de diferentes mutagénicos na esterilidade do pólen na geração $M_1$ na variedade JS-335 de soja**

| Treatment | Concentration (%) | Replication | | | Pollen Sterility (%) |
|---|---|---|---|---|---|
| | | $R_1$ | $R_2$ | $R_3$ | |
| S.A. | 0.01 | 11.22 | 31.16 | 18.03 | 20.13 |
| | 0.02 | 34.84 | 9.13 | 20.79 | 22.92 |
| | 0.03 | 11.11 | 15.78 | 11.76 | 12.88 |
| EMS | 0.05 | 7.65 | 5.92 | 5.71 | 6.42 |
| | 0.10 | 11.1 | 3.44 | 3.80 | 6.11 |
| | 0.15 | 7.47 | 11.25 | 15.5 | 11.40 |
| Control | | 7.84 | 11.53 | 6.70 | 8.69 |

## 6. SOBREVIVÊNCIA DAS CALÇAS NA MATURIDADE (quadro n.º 8)

A Tabela 8 mostra a sobrevivência das plantas na maturidade. Não se verificou uma tendência específica no caso da S.A., mas a percentagem de sobrevivência das plantas na maturidade aumenta com o aumento da concentração.

**Tabela 8: Efeito de diferentes mutagénicos na sobrevivência de plantas na maturidade na geração M1 da variedade JS-335 de soja**

| Treatment | Concentration (%) | Total No. Germinated Plant | Total No. Mature Plants | Percentage of Survival of Plants at Maturity (%) |
|---|---|---|---|---|
| S.A. | 0.01 | 103 | 91 | 88.34 |
| | 0.02 | 87 | 79 | 90.80 |
| | 0.03 | 96 | 60 | 62.5 |
| EMS | 0.05 | 101 | 58 | 57.42 |
| | 0.10 | 106 | 83 | 78.30 |
| | 0.15 | 112 | 106 | 94.64 |
| Control | | 106 | 90 | 84.90 |

## 7. VARIANTES MORFOLÓGICAS :((Foto da placa nº 4)

Algumas variantes morfológicas são isoladas da geração Mi por comparação com o controlo. Estas variantes mostram as variações críticas em relação às plantas de controlo. As seguintes variantes morfológicas foram observadas na geração $M_1$. As fotografias destas variantes foram mostradas como no número da placa fotográfica.

### a) MATURAÇÃO PRECOCE

Os pormenores desta variante são os seguintes :

- Fila n.º 1
- Mutagénico = Azida de sódio
- Concentração = 0,01%
- Número de cápsulas : 62
- Altura da planta = 50 cm

- Número de ramos = 10

**b) BRANCHED:**

Na geração $M_1$ observou-se um maior número de variantes de ramificação e os pormenores desta variante são os seguintes

- Fila n.º 1
- Mutagénico = Azida de sódio
- Concentração = 0,01%.
- Número de cápsulas : 88
- Altura da planta = 55 cm
- Número de ramos = 17

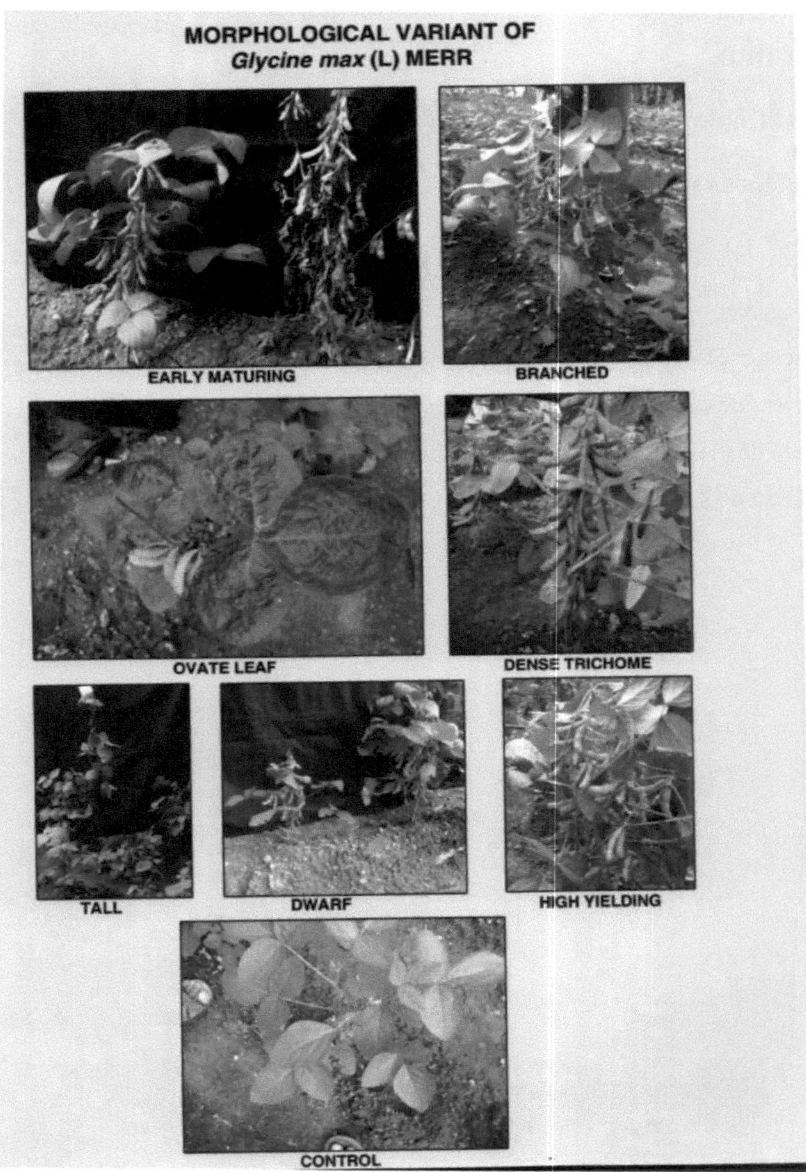


**Placa fotográfica-4**

## c) FOLHA OVADA :

- Fila n.º 7
- Mutagénico = Azida de sódio

- Concentração = 0,02%
- Número de cápsulas : 14
- Número de balcões : 06
- Altura da planta = 23 cm

**d) VARIANTE ALTA**

- N.º da linha = 19
- Mutagénico = SA
- Concentração = 0,03%
- Número de cápsulas : 38
- Altura da planta = 80cm
- Número de ramos = 1

**e) VARIANTE DE TRICOMA DENSO:**

- Número da linha = 9
- Mutagénico = SA
- Concentração = 0,02%
- Número de cápsulas : 30
- Altura da planta = 32
- Número de ramos = 6

**f) VARIANTE DWARF**

- N.º da linha = 2
- Mutagénico = EMS
- Concentração = 0,10 %.
- Número de cápsulas : 10

- Altura da planta = 13 cm
- Número de ramos = 02

g) **ALTO RENDIMENTO:**

- N.º da linha = 06
- Mutagénico = EMS
- Concentração = 0,15%
- Número de cápsulas : 88
- Altura da planta = 60cm
- Número de ramos = 14

# 5. RESUMO E CONCLUSÃO

A soja, descrita botanicamente como *Glycine Max* (L.) Merr, é um membro da família fabaceae. Que constitui uma importante cultura de leguminosas para grão a nível mundial? A parte é classificada como oleaginosa e não como leguminosa pela Organização das Nações Unidas para a Alimentação e a Agricultura (FAO).

As sementes secas de soja *(Glycine max)* foram obtidas no mercado. Na presente investigação, foi estudado o efeito de dois mutagénicos diferentes, nomeadamente a azida de sódio e o sulfonato de etimetanse, em vários parâmetros Mi da variedade de soja JS-335.

Estas sementes foram tratadas para mutagénese utilizando mutagénicos químicos como SA e EMS. A geração M1 foi criada e foi estudado o efeito destes dois mutagénicos em diferentes parâmetros, como a percentagem de germinação, lesões nas plântulas, quimeras de clorofila, alterações morfológicas das folhas, esterilidade do pólen, percentagem de sobrevivência da tinta e mutação morfológica.

Ambos os mutagénicos mostraram um efeito crítico em todos os parâmetros da geração Mi.

SA e EMS e mostrou um efeito inibitório na germinação de sementes. Um aumento na concentração de ambas as mutações reduz efetivamente a germinação. A lesão das plântulas aumentou com o aumento da concentração de ambos os mutagénicos.

Foram observadas anomalias de clorofila amarela, verde-amarela, verde-escura e branca. Todas essas quimeras foram encontradas afetando os folíolos totalmente, parcialmente e nas margens. 0,10% EMS produz a maior frequência de plantas com quimeras de clorofila e a menor no caso de 0,01% SA.

Ambos os mutagénicos afectaram criticamente a morfologia das folhas. Foram produzidas várias anormalidades foliares como unifolioladas, bifolioladas, quadrifolioladas, entalhe do folíolo, ápice obtuso do folíolo, folíolo ovado . 0,02% SA produziu a maior frequência de plantas com anomalias morfológicas nas folhas.

Na investigação da esterilidade do pólen, não foi observada nenhuma tendência específica em relação aos agentes mutagénicos. A esterilidade máxima do pólen foi observada em 0,02% SA e a mais baixa no caso de 0,10% EMS.

Verificou-se que a sobrevivência da planta na maturidade diminuía à medida que a concentração de ambos os mutagénicos aumentava.

Na geração M1, também foram observadas algumas variantes morfológicas, como a variedade de maturação precoce, a variante com maior número de ramificações, a variante de folhas ovadas (folioladas), a variante de altura de broca (alta), a variante de tricomas densos na planta, a variante de nanismo e maior número de vagens.

Durante o presente trabalho de projeto, pode resumir-se que o SA e o EMS conseguiram afetar diferentes parâmetros na geração M1 da variedade JS-335.

**Conclusão:**

Ambos os mutagénicos, SA e EMS, afectaram criticamente todos os parâmetros na geração M1 da variedade JS-335.

# BIBLIOGRAFIA

1) **Adegoke J.K. (1984).** Indução de pontes por azida de sódio em allium cepa. Nigéria. J. genetics 5:86.

2) **B.D.Singh,** A text book of plant breeding. (Página No.177 - 186).

3) **B.P. Pandey,** Economic botany. (Página nº 28, 29,193).

4) **Conger B.V. (1973)** The effect of ascorbic acid and sodium azide on seedling growth of soybean seeds.

5) **D. Boringer, W.Hundelmenn, V.Stoy, T.Tatlloglu,** Fundamental of plant breeding.

6) **Gaul H., 1970.** Efeitos mutagénicos observáveis na primeira geração. In manual on mutation breeding. Relatório da série de relatórios técnicos n.º 119, AIEA, e Viena

7) **http://www.soyinfocenter.com/books/132** História da soja e dos alimentos à base de soja na América do Sul (1982-2009).

8) **Kothekar V.**S .2005, Mutation breeding in crop improvement proceeding on national conference in plant science P.V.P. College Pravaranagar 10 th - 12th March. P.P. XIX-XX.

9) **Mahsenkov, A.,** 1986 Processo de mutação induzida como fonte de novos mutantes Boletim informativo da Maize Genetics Cooperation.

10) **Naik V.N. e associados,** Flora of Marathwada (Página n.º 275276).

11) **Sato M. e H. Gaul, 1967,** Effect of ethyle methanesulfonate on the fertility of Barley (Efeito do metanossulfonato de etilo na fertilidade da cevada).

Printed by Books on Demand GmbH, Norderstedt / Germany